Sven-David Müller

Ernährung für übergewichtige Kinder und Jugendliche

GRIN Verlag

Bibliografische Information der Deutschen Nationalbibliothek:

Die Deutsche Bibliothek verzeichnet diese Publikation in der Deutschen Nationalbibliografie; detaillierte bibliografische Daten sind im Internet über http://dnb.d-nb.de/ abrufbar.

Impressum:

Druck und Bindung: Books on Demand GmbH, Norderstedt Germany
ISBN: 978-3-656-26781-2

Dieses Buch bei GRIN:

http://www.grin.com/de/e-book/200631/ernaehrung-fuer-uebergewichtige-kinder-und-jugendliche

Ratgeber für Eltern übergewichtiger Kinder und Jugendlicher

Ernährung/Diät für übergewichtige Kinder und Jugendliche

Inhalt

VORWORT 4

GELEITWORT 5

EMOTION 6

Ist Ihr Kind überhaupt zu dick? 6

Warum ist Ihr Kind zu dick? 8

Was Übergewicht mit sich bringt 9

Wie wirkt sich das Übergewicht auf die Psyche aus? 10

Was können Sie tun? 11

Seien Sie ein Vorbild! 14

Wie Kinder gar nicht erst übergewichtig werden 14

MOTION 16

Fitte Kids! 16

Kinder an die frische Luft! 17

Bewegung macht Spaß! 17

Welche Sportart passt zu Ihrem Kind? 18

Ein aktiver Tag! 20

NUTRITION 22

Die Ernährungspyramide 22

Von jetzt an gesund! 23

Der optimale Lebensmittelmix 24

Strenge Verbote gehen nach hinten los 25

Die Menge macht's! 26

Die vier Bausteine der Ernährung 27

Die Basis: Kohlenhydrate 27

(Ge)wichtige Nährstoffe: Fette 29

Proteine – ohne sie geht es nicht! 30

Ballaststoffe – Ganz und gar kein Ballast! 31

Kalorien und Co. 32

Richtige Garmethoden 35

Nahrungsergänzungsmittel – Ja oder nein? 35

SLIMFOOD 36

Einfach austauschen und abnehmen! 36

Jetzt wird's lecker!

LITERATUR 40

BUCHTIPPS 41

HILFREICHE ADRESSEN 42

Vorwort

Nicht nur für Erwachsene ist Übergewicht ein Problem. Zunehmend sind auch Kinder davon betroffen. Seit 1985 hat sich neueren Untersuchungen zufolge der Anteil übergewichtiger Jungen mehr als verdoppelt, der der Mädchen etwa verdreifacht. Man spricht von circa 2 Millionen übergewichtigen Kinder! Viele Eltern haben die Hoffnung, das Übergewicht ihrer Kinder würde sich mit der Zeit „verwachsen", doch ohne entsprechende Maßnahmen trifft dies meist nicht ein. Im Gegenteil! Etwa 40 Prozent der übergewichtigen Kinder und etwa 80 Prozent der übergewichtigen Jugendlichen werden auch dicke Erwachsene sein. Dicke Kinder von heute sind also die Risikopatienten von morgen. Um dies zu verhindern, muss so früh wie möglich mit Vorbeugung und geeigneten Maßnahmen bei bereits bestehendem überhöhtem Körpergewicht begonnen werden. Das Gesundheitsbewusstsein der Kinder und ihrer Familien muss frühzeitig geweckt werden, denn auch hier gilt: Was Hänschen nicht lernt, lernt Hans nimmer mehr.

Dieses Buch befasst sich mit diesem „schwerwiegenden" Problem und vermittelt praktische Tipps für Ernährung und Bewegung zur Gewichtsnormalisierung.

Sven-David Müller, MSc.

Geleitwort

Dicke Kinder haben es nicht leicht – besteht doch immer die Gefahr, dass bereits heute ihr Speck die Grundlage für spätere Krankheiten und Schäden am Haltungs- und Bewegungsapparat ist. Außerdem sind sie ständig den Hänseleien ihrer Mitschüler ausgesetzt, die sie mit fiesen Ausdrücken verspotten, besonders wenn bei Spiel und Sport die Leistung nicht stimmt. Kinder können grausam sein! Darunter leidet natürlich schon früh das Selbstwertgefühl der übergewichtigen Kinder; das kann zu Isolation und psychischen Schäden führen. Wenn dieser negativen Gewichtsentwicklung nicht rechtzeitig entgegen gesteuert wird, droht Kindern ihr Übergewicht mit ins Erwachsenenalter zu tragen und lebenslang zu behalten. Bluthochdruck, Herz-Kreislauf- und Stoffwechselerkrankungen sind durch unbehandeltes Übergewicht im Kindesalter für später vorprogrammiert. Doch einige negative Seiten des Übergewichts werden Sie sich bereits vor Augen geführt haben, sonst hätten Sie sich dieses Buch nicht zugelegt. Sie machen sich Sorgen um die Gesundheit und das Glück Ihres Kindes, sehen wie es leidet. Vielleicht hat Ihr Kind Sie aber auch selbst schon um Hilfe gebeten? Egal was Auslöser für die Entscheidung „Mein Kind muss abnehmen" war, wichtig ist jetzt, dass sie zusammenhalten und am Ball bleiben. Denn Abnehmen ist kein Zuckerschlecken, besonders für junge Abnehmwillige. Es erfordert Disziplin, Geduld und Nerven, sowohl Ihre als auch die Ihres Kindes. Wenn aber erst mal die Kilos purzeln, werden Sie doppelt und dreifach belohnt. Wir hoffen, dass wir Sie mit diesem Buch auf dem Weg dorthin unterstützen und mit vielen wertvollen Tipps beraten können.

Emotion

Die meisten noch so gut gemeinten Abnehm-Programme scheitern an mangelnder Motivation. Zum einen sind die Ursachen für die schwindende Bereitschaft, eine Gewichtsreduktion durchzuhalten, im sozialen Umfeld zu finden (Stress in der Schule, Ärger in der Familie) und zum anderen lässt sich mangelnde Motivation mit der fehlenden Entschlossenheit, sein Ernährungsverhalten umzustellen, begründen. So reicht es beispielsweise nicht, dass nur die Eltern von der Notwendigkeit einer Gewichtsabnahme für ihr Kind überzeugt sind, das übergewichtige Kind muss es genauso sein. Um eine Verhaltensänderung zu erzielen, müssen Sie also mit Ihrem Kind sprechen und ihm erklären, warum es sinnvoll ist abzunehmen. Außerdem darf nicht zu viel erwartet werden. Ihr Kind ist vielleicht schnell enttäuscht, wenn es nicht innerhalb kürzester Zeit sichtbar abnimmt. Bereiten Sie Ihr Kind darauf vor, dass es sich in Geduld üben muss und eine zu schnelle Gewichtsabnahme ohnehin häufig zum berühmten Jojo-Effekt führt. Deshalb ist eine „Diät", wie wir sie für Erwachsene kennen, bei Kindern nicht angebracht. Nur eine langfristige Ernährungsumstellung und Verhaltensänderung wird auch zu einem langfristigen Erfolg führen.

Ist Ihr Kind überhaupt zu dick?

Ob Ihr Kind tatsächlich übergewichtig ist, können Sie anhand des Body-Mass-Index (BMI) ganz leicht herausfinden. Der BMI gibt das Gewicht im Verhältnis zur Körpergröße an. Mit Hilfe eines Taschenrechners und folgender Formel ist er leicht zu berechnen:

BMI = Körpergewicht (in Kilogramm) / Körpergröße (in Meter) zum Quadrat

Ein 1,40 Meter großer 12jähriger Junge, der 50 Kilo wiegt, hat also diesen BMI:

BMI = 50 : (1,40 x 1,40) = 25,5

Mit der entsprechenden Gewichts-Perzentile kann nun Unter-, Normal- und Übergewicht festgestellt werden. Vergleichen Sie den Wert mit der Perzentilenkurve für Jungen bzw. Mädchen. Liegt das altersspezifische Gewicht auf oder über der 90sten Perzentile (P 90), spricht man von behandlungsbedürftigem Übergewicht, ab P 97 sogar von Fettsucht (Adipositas).

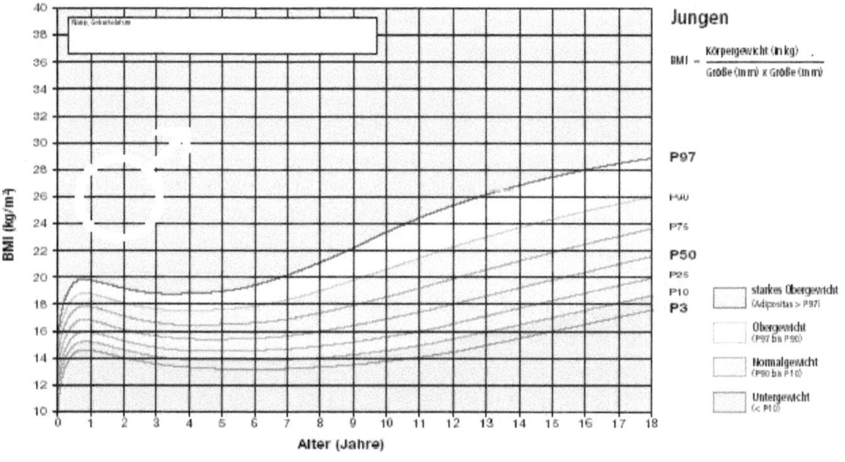

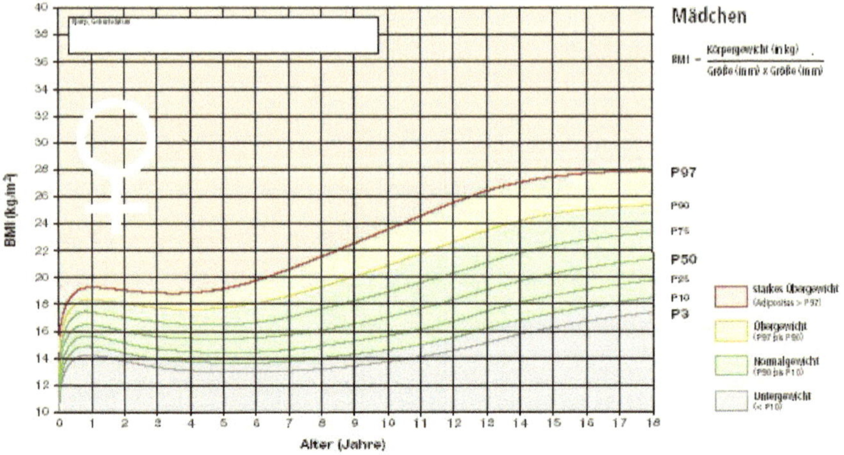

Der Junge aus der Beispielrechnung läge also mit einem BMI von 25,5 im Bereich zwischen P 90 und P 97 und wäre stark übergewichtig.

Liegt Ihr Kind im Bereich P 75 bis P 90, ist eine Gewichtsreduktion nicht notwendig. Es reicht, wenn es sein Gewicht hält. Eine gesunde Ernährungsweise, wie wir Sie in diesem Buch beschreiben, ist allerdings nie überflüssig Sie wollen ja nicht nur ein schlankes, sonders auch ein gesundes Kind!

Warum ist Ihr Kind zu dick?

Übergewicht wird oft ab dem Säuglingsalter antrainiert. Das Baby soll groß und stark werden, bekommt Fläschchen um Fläschchen und muss alles leer trinken, selbst wenn alle Anzeichen auf „Danke, satt!“ stehen. Auf diese Weise verlernt der kleine Körper die Signale des Hunger- Sättigungsmechanismus – die Karriere des dicken Kindes ist damit vorprogrammiert. Bei Schulkindern ist es heute so, dass sich ein beachtlicher Prozentsatz selbst versorgt. Die Eltern sind berufstätig, die Kinder bekommen Geld um sich etwas "Vernünftiges" zu kaufen und diese greifen statt dessen zu Wurstbrötchen und Schokoriegeln für die großen Pausen. Nach der Schule gibt's Hamburger und Pommes, zum Nachtisch ein Eis und abends wird traditionell mit den Eltern noch mal warm gegessen. Alles runter gespült mit Cola oder Limonade. Einmal im Monat derart über die Stränge zu schlagen ist nicht weiter schlimm, übergewichtige Kinder verdrücken das aber täglich. Solche Mengen können nur dann vertilgt werden, wenn der Körper daran gewöhnt und der Magen dementsprechend groß genug geworden ist. Ein weiterer Grund für Übergewicht bei Kindern ist Frust. Wer Stress hat und traurig ist, greift zu Schokolade, denn die hat man ja schon immer von Mama und Papa bekommen wenn man sich weh getan hat oder brav war. Das resultierende Übergewicht ist wieder Quelle für neuen Frust weil man gehänselt oder jede Bewegung zu anstrengend wird. Damit wären wir auch schon beim vierten Auslöser für Übergewicht: Zu wenig Bewegung. Wer mehr aufnimmt als er verbraucht, nimmt zu. Wer viel mehr aufnimmt als er verbraucht, wird dick! Das heißt im Klartext: Ohne ausreichende Bewegung wird eine dauerhafte Gewichtsreduktion nicht möglich sein.

Was Übergewicht mit sich bringt

Übergewicht kann zu einer ganzen Reihe von Folgeerkrankungen führen:

- Das Risiko für hohen Blutdruck ist erhöht. In der Folge kann es zu Ablagerungen kommen, die die Blutgefäße verengen können (Arteriosklerose).
- Ein Schlaganfall wird wahrscheinlicher.
- Ein hohes Körpergewicht erhöht die Gefahr, eine Arthrose zu entwickeln.
- Auch das Diabetes-Risiko steigt: Das Hormon Insulin wird zwar produziert, wirkt aber nicht mehr ausreichend.
- Das Nierenkrebsrisiko ist erhöht.
- Atemnot und Kurzatmigkeit, das sogenannte Schlafapnoesyndrom, tritt bei Übergewichtigen häufig auf.
- Psychische Folgen, die nicht selten einer Therapie bedürfen.

- Soziale Folgen: Laut einer Studie von Gortmarker aus Harvard bekommen Übergewichtige pro Jahr 6.700 Dollar weniger Lohn als Schlanke in vergleichbaren Positionen.
- Etwa 60 Prozent der übergewichtigen Kinder haben Haltungsschäden, viele leiden bereits unter chronischen Rückenschmerzen. Arthrose, der gefürchtete Gelenkverschleiß, ist bereits im frühen Erwachsenenalter eine häufige Diagnose. Starke Schmerzen und, im schlimmsten Fall, künstliche Gelenke sind die Folgen.

Übergewicht ist nur in seltenen Fällen Ausdruck einer Grunderkrankung, dennoch sollte sowohl eine laborchemische als auch eine psychologische Untersuchung durchgeführt werden. Untersucht werden der Blutdruck, das Gesamtcholesterin, Triglyceride, Schilddrüsenwerte sowie in Abhängigkeit von der familiären Belastung: Nüchternblutzucker, oraler Glukosetoleranztest, Homocystein, Kreatinin, Elektrolyte und Harnsäure im Serum.

Wie wirkt sich das Übergewicht auf die Psyche aus?

Schmerzen in den Gelenken sind leicht zu lokalisieren und unter Umständen auch zu behandeln. Viel gefährlicher aber sind die auf den ersten Blick unsichtbaren Schädigungen, welche die Psyche durch das Übergewicht nehmen kann. Ein geknicktes Selbstwert- und Körpergefühl sind sehr häufig das Resultat. Und wen wundert's? Wie soll man sich denn noch wohl fühlen wenn Mitschüler und selbst Wildfremde auf einem rumhacken? Und sie können davon ausgehen, dass es so passiert, auch wenn ihr Kind sich nicht vor Ihnen beklagt. Kinder können grausam sein und Erwachsene sind häufig auch nicht viel besser. Meist lösen diese Hänseleien einen Teufelskreis aus: Das Dicksein wird Ihrem Kind ständig vorgeworfen und diese Vorwürfe lösen den bereits erwähnten Frust aus, der dazu führt, dass Ihr Kind noch mehr isst und weiter zunimmt. Es ist enorm wichtig, diesen Teufelskreis zu durchbrechen. Kinder und Jugendliche brauchen hierbei Hilfe. Ihre Hilfe. Dabei spielt es weniger eine Rolle, ob Sie die Möglichkeit haben, viel Zeit mit Ihrem Kind zu verbringen, oder ob Sie Ihre Zeit zwischen Kind und Beruf aufteilen müssen: Nur Sie alleine können Ihrem Kind die jetzt so dringend benötigte Rückendeckung geben. Das beinhaltet, dass Sie Ihr Kind beim Abnehmen konkret unterstützen. Außerdem brauch Ihr Kind gerade Zuhause viel Anerkennung und Zuneigung. Es sollte nicht darauf reduziert werden, dass es dick isst.

Was können Sie tun?

Ohne Ihre Hilfe geht (fast) nichts. In den meisten Fällen sind es die Eltern, die einkaufen gehen und entscheiden, was im Kühlschrank landet. Außerdem müssen Sie die bei Ihrem Kind möglicherweise noch nicht so ausgeprägte Willenstärke mit liebevoller Kontrolle kompensieren Es gibt einige „goldene Regeln" zum Schlankwerden und Schlankbleiben, die Sie hierfür brauchen:

- Lernen Sie den Umgang mit dem Fettgehalt verschiedener Lebensmittel mit Ihrem Kind zusammen kennen.
- Kaufen Sie nur mageres Fleisch und magere Wurstsorten. Entfernen Sie vor dem Kochen oder Braten alles sichtbare Fett. Mageres Fleisch enthält viel Eiweiß, dies ist besonders wichtig für Ihr Kind in der Wachstumsphase.
- Versteckte Fette (z.B. in Gebäcken, Soßen und Wurst) sollten vermieden werden. Unter Verwendung von Magerjoghurt oder Magermilch lassen sich gute und fettarme Soßen herstellen.
- Sparen Sie Kalorien beim Streichfett! Verwenden Sie eine Halbfettmargarine. Pro Becher werden auf diese Weise ca. 900 Kilokalorien gegenüber normaler Margarine oder Butter eingespart.

- Verwenden Sie für Salatsoßen, zum Braten, Backen und Kochen nur hochwertige pflanzliche Öle und Fette, die einen hohen Anteil an mehrfach ungesättigten Fettsäuren enthalten.
- Besonders Kinder lieben Süßigkeiten. Deshalb ist es schwierig, ihre Zufuhr einzuschränken. Es sollte aber sein, denn die meisten Süßigkeiten enthalten viel Fett. Wenn schon Süßes, dann fettfrei oder -arm z.B. Gummibärchen. Allerdings dürfen auch die nahezu fettfreien Gummibärchen nicht massenhaft verzehrt werden, da sie aufgrund des hohen Zuckergehaltes trotzdem viele Kalorien haben.
- Ballaststoffreiche Kost wie Salate, Gemüse und Vollkornbrot haben einen hohen Sättigungswert. Sie fördern überdies die Verdauung auf natürliche Weise und beugen Darmerkrankungen vor.
- Achten Sie auf eine ausgewogene Mischkost mit Obst- und Gemüsebeilagen, damit eine ausreichende Zufuhr aller wichtigen Nährstoffe, Vitamine und Mineralstoffe gewährleistet ist.
- Die tägliche Trinkmenge sollte nicht unter 2 Liter pro Tag liegen. Ersetzen Sie stark gezuckerte Limonaden- und Colagetränke durch kalorienarme Produkte: Mineralwasser, Tee oder Säfte ohne Zuckerzusatz.
- Achten Sie auf eine ausreichende Zufuhr von Milch und Milchprodukten. Darin steckt das meiste Calcium, und das ist wichtig für das Wachstum. Vorsicht: Fettgehalt beachten!
- Klare Brühe oder Lieblingssalat Ihres Kindes sind vor der Mahlzeit ein wirksames Mittel zur Hungerdämpfung.
- Seien Sie sparsam in der Verwendung von Kochsalz. Verwenden Sie statt dessen Zwiebeln, Kräuter und andere salzfreie Gewürze.
- Verteilen Sie die Mahlzeiten auf 5-6 kleine, anstatt 3 Hauptmahlzeiten.
- Die Einhaltung fester Essenszeiten ist wichtig. Bei Überschreitung wird der Hunger zu groß, und es wird dann oft zuviel gegessen.

- Kinder sind beim Essen leicht ungeduldig. Versuchen Sie mit Ihrem Kind gemeinsam langsamer zu essen und jeden Bissen gut zu kauen - denn wer gut kaut, wird früher satt.
- „Was auf dem Teller ist, wird aufgegessen" - das ist eine überholte Regel. Ihr Kind soll aufhören zu essen, wenn es satt ist!
- Versuchen Sie zu verhindern, dass Ihr Kind, (ohne dass Sie es wissen), nebenbei isst. Sie verlieren sonst die Kontrolle über den „Kalorienfahrplan". Auch das „Betthupferl" und das Knabbern beim Fernsehen gehören dazu.
- Sorgen Sie dafür, dass sich Ihr Kind auf irgendeine Weise aktiv bewegen lernt. Dabei sollte das Kind nicht zu einer sportlichen Tätigkeit gezwungen werden, an der es keinen Spaß hat und bei der es gegenüber anderen auffällt. Manche dicken Kinder schwimmen gern und betreiben damit eine Sportart, die ihnen gesundheitlich gut tut und sie vielleicht sogar zum Erfolgserlebnis kommen lässt.
- Dicke Eltern haben oft dicke Kinder, weil die Kinder die Essgewohnheiten der Eltern übernehmen. In diesem Fall muss das Problem „Übergewicht" gemeinsam gelöst werden.
- Der Wille zur Mitarbeit Ihres Kindes ist wichtig, jedoch nicht immer leicht zu erreichen. Manchmal hilft es, wenn Sie Ihr Kind bei der Aufstellung des Speisezettels mithelfen lassen.
- Regelmäßiges Wiegen (1x pro Woche morgens und in gleicher Kleidung) ist wichtig. Ihr Kind sollte darüber Buchführen. Die Waage wacht unbestechlich über das Ergebnis aller Maßnahmen.
- Wenn psychische Probleme als Auslöser für übermäßiges Essen zu Grunde liegen, sollten Fachleute hinzu gezogen werden.

Seien Sie ein Vorbild!

Kinder lernen schnell in dem sie das Verhalten ihrer Eltern nachahmen, häufig ohne, dass es ihnen selbst bewusst ist. Eine Ernährungsumstellung klappt also umso besser, je besser Sie als Vorbild sind. Das selbe gilt für die Bewegung. Nehmen Sie selber grundsätzlich den Lift statt der Treppe und legen selbst kurze Strecken mit dem Auto zurück? Dann wird sich Ihr Kind wohl kaum anders verhalten wollen. Leben Sie eine Welt in Bewegung vor! Letzten Endes tun Sie damit nicht nur Ihrem Kind, sondern auch sich selbst eine Gefallen.

Wie Kinder gar nicht erst übergewichtig werden

Der erste Schritt um Übergewicht bei Kindern zu vermeiden, ist eine umfassende Kenntnis über richtiges Essen und wichtige Lebensmittel. Deswegen gehört zur Gesundheitserziehung, dass Kindern unter anderem folgende Punkte vermittelt werden:

- Warum Menschen essen.
- Was gesund und was ungesund ist.
- Wie eine gesunde Zusammenstellung der Lebensmittel aussieht (Ernährungspyramide)
- Was und wie viel man trinken sollte.
- Wie Mahlzeiten zubereitet werden, damit Mineralstoffe und Vitamine erhalten bleiben.
- Warum langsames Essen und gutes Kauen wichtig ist.

Auch gibt es einige Risikofaktoren für Übergewicht, die, wenn möglich, ausgeschlossen werden sollten:

- Rauchen in der Frühschwangerschaft erhöht das Risiko deutlich, dass Ihr Kind später übergewichtig wird.
- Stillen reduziert das Risiko.
- Kinder, die viel schlafen, sind meist nicht so dick wie Kinder, die wenig schlafen.
- Kinder, die mehr als 2 Stunden pro Tag Fernsehen schauen, sind überproportional häufig dick.
- Kinder, die oft fettreiche Kost und Softdrinks zu sich nehmen, haben ebenfalls ein erhöhtes Risiko.

Motion

Um für immer die überschüssigen Pfunde zu verlieren, ist regelmäßiges Bewegungstraining mindestens genau so wichtig wie die Umstellung der zum Übergewicht führenden Ernährungsgewohnheiten. Der Grund hierfür ist nicht nur in der Steigerung des Energieumsatzes zu finden, es sind noch weiter wichtige Argumente zu nennen:

- Sport hat einen günstigen Einfluss auf das Appetitverhalten, d.h. durch regelmäßigen Sport wird die natürliche Hunger-/ Sättigungsregulation normalisiert.
- Sport kann die Motivation stärken, dauerhaft seine Ernährungs- und Lebensgewohnheiten umzustellen.
- Sport hilft, Stress abzubauen.
- Sport trägt zur Verbesserung des allgemeinen Wohlbefindens bei.
- Sport vermittelt Erfolgserlebnisse und bietet somit die Möglichkeit zur Selbstbestätigung und Selbstverwirklichung.
- Sport bietet Gelegenheit zu Geselligkeit und Kontakt zu anderen Kindern.

In den folgenden Kapiteln finden Sie viele Tipps und Tricks, wie aus dem kleinen Bewegungsmuffel wieder ein aktives, herumtobendes Kind wird. Außerdem erfahren Sie, wie Sie ohne großen Aufwand Ihren Alltag in Bewegung bringen und so auch Ihr Kind davon profitiert.

Fitte Kids!

Fitte Kids haben mehr Ausdauer und verbessern so die Leistungsfähigkeit ihres Herz-Kreislauf-Systems, verringern die Bildung des „schlechten“ und erhöhen die Bildung des „guten“ Cholesterins sowie das Risiko einer Typ-2-Diabetes-

Erkrankung. Während und auch noch kurz nach dem Sport ist der Kalorienverbrauch erhöht. Zudem trägt regelmäßige Bewegung ebensoviel zum Abnehmen bei wie vernünftiges Essen. Der Stoffwechsel wird dabei angekurbelt, Fettgewebe abgebaut und Muskelgewebe aufgebaut. Körperliche Aktivitäten kräftigen Bänder und Sehnen, regen den Kreislauf an und sorgen für neue Energie. Außerdem – für übergewichtige Kinder besonders wichtig – Sport hilf dabei ihre Passivität und Lethargie zu überwinden und Stress abzubauen. Beim Herumtoben und bei Bewegung haben diese Kinder nicht das Bedürfnis sich mit Chips und Eiscreme „vollzustopfen". Ein negatives Körpergefühl wird zum Positiven verändert und so wächst auch das Selbstbewusstsein.

Kinder an die frische Luft!

Draußen toben und sich schmutzig machen scheint mittlerweile völlig out zu sein. Lieber sitzen Kinder mit Freunden, oft aber sogar alleine, vor dem Computer oder dem Fernseher. Das sie dadurch einen wichtigen und schönen Teil ihrer Kindheit verpassen wird ihnen erst viel später klar. Gleichzeitig sind Kinder, die sich wenig im Freien aufhalten und sich permanent von TV-Shows und Computer-Spielen unterhalten lassen, überproportional oft übergewichtig und in ihrer geistigen Entwicklung eingeschränkt. Sie können ihr kreatives Potential nicht ausnutzen und ihren Verstand trainieren. Bringen Sie Ihrem Kind wieder näher, wie viel Spaß es macht mit Freunden fangen zu spielen und auf Entdeckungstour zu gehen. Falls sie in einer wenig kindgerechten Gegend wohnen, fahren sie regelmäßig mit Ihrem Kind in den Wald oder Zoo und unternehmen Sie regelmäßig Radtouren. Neben dem Spaß verliert ihr Kind so auch spielerisch an Gewicht.

Bewegung macht Spaß!

Ist der Schweinehund erst mal überwunden, wird Ihr Kind schnell merken, wie gut ihm die Bewegung tut. Kinder haben einen natürlichen Bewegungsdrang und sind erst ausgeglichen, wenn sie sich austoben konnten. Außerdem kommt es nach einer sportlichen Betätigung zur Ausschüttung von Glückshormonen, das gilt auch für Kinder! Durch Sport erlangt Ihr Kind ein besseres Körpergefühl und das ist gut für das Selbstwertgefühl! Dabei kommt es nicht darauf an, dass Ihr Kind zur Sportskanone wird. Auch muss nicht krampfhaft auf die tägliche Bewegung geachtet werden. Wenn Ihr Kind mal so gar keinen „Bock" hat bei Wind und Wetter raus zu gehen, dann ist das o.k. Wie schon gesagt: Der Spaß muss im Vordergrund stehen. Wer läuft schon gerne wenn er dabei ständig vor Augen hat: Ich muss abnehmen, ich muss abnehmen!

Welche Sportart passt zu Ihrem Kind?

Grundsätzlich gibt es keine „falsche" Sportart. Sport ist immer besser als gar keine Bewegung. Lassen Sie daher den Wünschen Ihres Kindes freien Lauf, solange sie finanzierbar sind. Sport fördert Ausdauer, Kraft, Beweglichkeit, Koordination, Entspannung und wirkt sich positiv auf die Psyche aus.
Übergewichtige Kinder und Jugendliche schämen sich häufig ihrer runden Konturen und haben Angst vor spöttischen Reaktionen ihrer Umgebung, wenn sie beim Sport unbeweglich wirken und mit den anderen nicht mitkommen. Es macht also nicht viel Sinn ihren Sprössling jetzt in einem Volleyball-Verein anzumelden und würde nur eine Fortsetzung des Martyriums bedeuten. Sport in Gruppen fördert die Motivation, aber am besten nur in speziellen Gruppen für übergewichtige Kinder. Ansonsten gibt es noch viele tolle Sportarten, die alleine oder zu zweit ausgeübt werden können:

Sportart	**Spezieller Nutzen**
Schwimmen	Nimmt dem Körper die gewohnte Schwere, belastet die Gelenke kaum und kräftigt vor allem die geschwächte Rückenmuskulatur

Radfahren	Stärkt Herz und Kreislauf, fördert Ausdauer und Kondition
Gymnastik	Trainiert sämtliche Muskeln und kann gezielt gegen Fettpolster eingesetzt werden
Rollschuhlaufen, Skaten, Eislaufen	Stärkt die Beinmuskulatur, baut Geschicklichkeit und Koordinationsfähigkeit auf
Wandern	Hilft dem Kreislauf, den Muskeln und der Kondition
Federball, Tennis, Tischtennis	Fördert die Beweglichkeit und Reaktionsschnelligkeit

Sollte sich Ihr Kind immer noch gegen Sport wehren, so rechnen Sie ihm doch einmal vor, wie viele Kalorien er bei verschiedenen Sportarten verbraucht:

Sportart	**Verbrauch in Kilokalorien für 30 Minuten Sport bei einem Körpergewicht von 60 Kilogramm**
Aerobic	190
Fitnesstraining	332
Fußball	238
Gymnastik	162
Inline-Skating	216
leichtes Dauerlaufen	244
schnelles Dauerlaufe	520
langsames Radfahren	180
schnelles Radfahren	306
langsames Schwimmen	230

zügiges Schwimmen	280
Tennis	198
zügiges Spazieren gehen	198
Skilanglauf	250

Mit 30 Minuten zügigem Spazieren gehen könnte Ihr Kind also über 2 Teller Gemüsesuppe abtrainieren. Für nur ein Drittel einer Tafel Schokolade müsste es allerdings den selben Aufwand betreiben. Das Selbe gilt für nur ein Drittel einer Lasagne. Mit dieser Rechnung können Sie Ihrem Kind nicht nur Sport attraktiver machen, sondern auch leicht die riesigen Energieunterschiede zwischen den Lebens- bzw. Genussmitteln veranschaulichen.

Ein aktiver Tag!

Neben gezielten Sportübungen können Sie auch leicht Bewegung in den Alltag bringen:

- Beim Zähneputzen abwechselnd auf einem Bein stehen.
- Wege zur Schule, zum Supermarkt und dem besten Freund / der besten Freundin zu Fuß oder auf dem Fahrrad zurücklegen.
- Ein Hund im Haus zwing zum regelmäßigen spazieren gehen und macht ihrem Kind bestimmt viel Freude. Vielleicht brauch aber auch der kleine Nachbarshund wieder Auslauf?
- Lassen Sie Ihr Kind jeden Tag mindestens eine halbe Stunde draußen herumtollen.
- Treppenlaufen macht viel mehr Spaß wenn Sie mit Ihrem Kind um die Wette laufen.
- Abenteuer- und Bauspielplätze sind oft so ausgerichtet, dass auch ältere Kinder daran Spaß haben.

- Eine Entspannungsübung vor dem Schlafengehen verhilft zu einer verbesserten Schlafqualität und so ist ihr Kind für den nächsten Tag wieder fit!

Nutrition

Es existiert eine schier unüberschaubare Vielzahl von Diäten, die dem Verbraucher den Eindruck vermitteln, sie seien gesund weil ausgewogen und garantieren zudem innerhalb kürzester Zeit, viele Kilos abzunehmen. Wir hatten bereits Eingangs erwähnt, dass solche Diäten für Kinder völlig ungeeignet sind und selbst Erwachsene sollten sich vorher gut überlegen, ob eine 4wöchige Kartoffeldiät für sie sinnvoll ist, denn sie werden nach den vier Wochen vermutlich wieder genauso essen wie vorher und haben die runtergecrashten Pfunde ruck, zuck wieder drauf. Außerdem geht bei solchen Diäten jeder Genuss verloren, von der einseitigen und ungesunden Ernährungsweise wollen wir hier erst gar nicht sprechen. Umso wichtiger scheint es, sich zu Beginn einer Gewichtsreduktion einige Fakten über Ernährung vor Augen zu führen um die Hintergründe zu begreifen.

Die Ernährungspyramide

Die Pyramide ist unterteilt in 4 Stufen. Jede Stufe enthält bestimmte Lebensmittelgruppen, wobei die Größe des Feldes angibt wie hoch der Anteil der Lebensmittelgruppe in der täglichen Ernährung sein soll. Die Gruppe der Getreideprodukte steht auf der ersten Stufe und ist die Basis der Ernährung. Ebenso gehören Getränke an diese Stelle. An zweiter Stelle stehen frisches Gemüse und Obst. Fettarme Mich und Milchprodukte sowie Fisch, Fleisch und Geflügel stehen an dritter, Fette und Öle sowie fettreiche Speisen an vierter Stelle. Die Ernährungspyramide bietet eine Grundorientierung für die Lebensmittelauswahl und ist nicht als strenge Vorschrift für bestimmte Mahlzeiten oder Produkte zu verstehen. Wichtig ist, dass die ganze Vielfalt der Lebensmittelgruppen genutzt wird.

Von jetzt an gesund!

Für Ihr Kind kommen keine Diäten wie FDH oder sonstige Crash-Diäten in Frage. Es geht nicht darum weniger zu essen, sondern viel mehr das Richtige. Schließlich soll ihr Kind nicht hungern! Mit der Ernährungspyramide haben Sie bereits die Grundlage jeder gesunden Ernährungsweise kenne gelernt. Um die dargestellten Empfehlungen richtig umzusetzen, können Sie sich an folgenden Verzehrsmengen orientieren:

Täglich:

1. Gruppe:

- 5 Scheiben Vollkornbrot oder 3-4 Scheiben Vollkornbrot und 1 Müsli
- 1 Portion Vollkornreis, Vollkornnudeln (roh ca. 80 Gramm) oder Kartoffeln (circa 250 Gramm)
- 1,5 bis 2 Liter ungesüßte Getränke, am besten Mineralwasser, über den Tag verteilt trinken

2. Gruppe:

- mindestens 1 Portion Gemüse (ca. 250 Gramm), davon die Hälfte als Rohkost
- 2 Portionen Obst (zusammen circa 300 Gramm)

3. Gruppe:

- 1 Glas fettarme Milch, Buttermilch oder Molke
- 1 Becher Joghurt, Dickmilch oder Kefir
- 2 Scheiben Käse

4. Gruppe:

- 2 Esslöffel Butter oder Pflanzenmargarine
- 1 Löffel hochwertiges Pflanzenöl (Sonnenblumenöl, Olivenöl)

Wöchentlich:

4. Gruppe:

- 1 bis 2 Portionen Seefisch (je 150 Gramm)
- 2 bis 3 Portionen Fleisch (je max. 150 Gramm)
- 2 bis 3 Portionen Wurst (je max. 50 Gramm)
- 1 bis 2 Eier

Der optimale Lebensmittelmix

Die empfohlene Nahrungszusammensetzung für Kinder unterscheidet sich kaum von der für Erwachsen. Dementsprechend benötigen Sie und Ihr Kind:

- 55 bis 60 Prozent Kohlenhydrate
- etwa 30 Prozent Fett
- 10 bis 15 Prozent Eiweiß

Getreideprodukte, Kartoffeln und Reis stellen den größten Teil einer gesunden Ernährungsweise dar. Neben komplexen Kohlenhydraten nimmt Ihr Kind so auch noch sättigende Ballaststoffe, Vitamine, Mineralstoffe und Spurenelemente sowie pflanzliches Eiweiß zu sich. Vollkornprodukte sollten die erste Wahl sein. Kaufen Sie möglichst die ballaststoff- und nährstoffreichste Vollkornvariante. Aber nicht alles was nach Vollkorn aussieht ist auch Vollkorn. Weißmehlbrötchen werden häufig mit einigen Körnern bestreut um den trendigen Vollkorn-Touch nachzuahmen. Wenn Sie sich nicht sicher sind, Ihr Bäcker gibt Ihnen sicher gerne Auskunft. Auch Vollkornnudeln sind eine leckere und sinnvolle Alternative zu Hartweizengrießnudeln. Fettbomben wie Cannelloni oder Tortellini werden durch eine Gemüse- oder Kräuterfüllung entschärft. Bei Müsli sollten Sie ganz genau auf die Kalorienangaben achten. Meist sind gekaufte Müslis stark gezuckert. Kartoffeln in Form von Bratkartoffeln oder Pommes sind zur Gewichtsreduktion wenig geeignet und sollten selten auf den Tisch. Obst und Gemüse sollten zusammen etwa 35 Prozent der kindlichen Ernährung ausmachen. So wird Ihr Kind ausreichend mit Vitaminen, Mineral- und Ballaststoffen versorgt. Hinzu kommt, dass die leckeren Vitaminbomben nahezu fettfrei sind! 3 Portionen Gemüse und 2 Portionen Obst, zusammen etwa 500 Gramm, sollten pro Tag verzehrt werden. Ist das anfänglich noch zuviel können Sie mit 1 bis 2 Portionen anfangen und steigern die Menge langsam. Milch und Milchprodukte, zu denen beispielsweise Joghurt, Quark, Buttermilch und Käse gehören, sollten 10 bis 15 Prozent der Nahrung Ihres Kindes abdecken. So wird Ihr Kind mit jeder Menge Eiweiß sowie dem wichtigen Kalzium versorgt. Bei dieser Lebensmittelgruppe sollte immer der fettärmeren Variante der Vorzug gegeben werden. Neben Milch eignet sich auch Molke oder Buttermilch. Fleisch, Fisch, Eier und Nüsse liefern neben dem tierischen Eiweiß unter anderem auch Vitamin D, Eisen und Jod. Diese Lebensmittelgruppe sollte 5 bis 10 Prozent der Nahrung ausmachen. Täglich sollten Fleisch und Fisch allerdings nicht auf dem Speisenplan stehen, daher gilt: 300 bis 350 Gramm Wurst und Fleisch, 150 Gramm Fisch und 2-3 Eier pro Woche.

Strenge Verbote gehen nach hinten los

Mit Verboten ist es nicht getan, denn Verbotenes ist doppelt so attraktiv, setzt Ihr Kind nur noch mehr unter Stress und provoziert Versagensängste. Vielmehr muss eine langfristige Umstellung des Fehlverhaltens angestrebt werden. Das Kind – und oft auch die ganze Familie – muss erkennen, wo die Ursachen für das Übergewicht liegen. Nur so, in Verbindung mit der nötigen Motivation, ist es möglich, einen positiven Einfluss auf das Ess- und Bewegungsverhalten des übergewichtigen Kindes zu nehmen. Auch Psychologen bestätigen, dass Zwänge dem Kind nicht helfen und häufig genau das Gegenteil von dem gewünschten Verhalten auftritt. Besser ist es, durch Aufklärung und Umstellung des falschen Ernährungsverhaltens der ganzen Familie dauerhaft zu helfen, schlanker und gesünder zu leben. Oft genügt im Kindesalter, das Gewicht durch bedarfsgerechte Ernährung über einige Monate konstant zu halten. Das Kind wird durch sein Wachstum dann automatisch schlanker.

Fast Food wie Hamburger, Pommes oder Pizza werden nur sehr schwer zu vermeiden sein. Ab und zu ist das auch kein Problem. Mehr als ein mal im Monat aber auf keinen Fall. Fast Food enthält viel Fett, Zucker und Salz, dafür jedoch wenig Vitamine, Mineral- und Ballaststoffe und sättigen dementsprechend schlecht. Allerdings lassen sich auch hier Kalorien einsparen: Lassen Sie sich den Burger nach Ihren Wünschen zusammenstellen. Wählen Sie rote statt weiße Saucen, verzichten Sie auf fettigen Käse und fragen Sie nach einer extra Portion Gemüse, schon bekommt Ihr Kind einen Fitness-Burger!

Die Menge macht's!

Mageres Fleisch in Ehren, aber 300 g davon täglich machen auch dick. Der Nährwert eines Nahrungsmittels bestimmt auch die Menge. Ohne Kalorienzählen geht's also leider nicht ganz. Die Deutsche Gesellschaft für Ernährung empfiehlt folgende Kilokalorienmengen:

Alter	Mädchen	Jungen
4 – 7	1400 kcal	1500 kcal
7 – 10	1700 kcal	1900 kcal
10 – 13	2000 kcal	2300 kcal

Es gibt eine Reihe von nützlichen Nährwerttabellen, in denen Sie den Kaloriengehalt der meisten Lebensmittel nachschlagen können. Nach einer Weile haben Sie ein Gefühl dafür entwickelt, welche Mengen bei welchem Lebensmittel angebracht sind.

Die vier Bausteine der Ernährung

Wenn man wissen will, welche Nahrungsmittel dick machen, welche notwendig und gesund sind (oder auch überflüssig), dann muss man die vier Bausteine aller Nahrungsmittel kennen:

- Kohlenhydrate
- Fette
- Eiweiße
- Ballaststoffe

Diese Nährstoffe liefern Energie und für eine ausgewogene Ernährung ist es wichtig, dass sie in ausreichender Menge und in einem ausgewogenen Verhältnis zugeführt werden.
In den nächsten Kapiteln werden diese Bausteine näher erläutert.

Die Basis: Kohlenhydrate

Die Kohlenhydrate sind das „Brennholz" des Körpers. Er kann sie in kurzer Zeit aufnehmen und schnell zu Energie verbrennen, wenn diese gerade gebraucht wird. Kohlenhydrate sind kleine chemische Ringe. Pflanzen stellen sie aus Luft, Wasser und Licht her und meistens werden die einzelnen kleinen Zucker in der Pflanze zu einer langen Kette verbunden (wie eine Perlenkette), die dann in den Pflanzen gespeichert wird. Diese langen Ketten heißen dann Kohlenhydrate. Einige von diesen langen Zuckerketten essen wir gerne: z.B. Mehl, Kartoffeln, Bohnen usw., andere Zuckerketten können wir nicht mehr auflösen (z.B. Holz). Ob Kohlenhydrate dick machen ist nicht leicht zu beantworten. Am besten ist es, wenn man die zwei verschiedenen Zuckersorten (also die kurzen einzelnen Ringe und die Zuckerketten) getrennt betrachtet:

Einzelne Zuckerringe: Der normale weiße Zucker, der beispielsweise in den Tee gegeben wird, ist ein solcher. Sie schmecken sehr süß und sind deshalb beliebt. Leider sind sie auch die Zuckersorten, die wahrscheinlich am ehesten dick machen. Außerdem sind sie für die Zähne schädlich und machen nicht besonders satt. Man findet sie in vielen Getränken (etwa Cola-Getränke, aber auch fast alle anderen Limonaden und in vielen fertigen Früchtetees) und in beinahe allem, was süß schmeckt. Übrigens: Honig besteht auch fast nur aus kurzen Zuckern und ist deshalb leider kein Ersatz.

Zuckerketten: Diese sind bekannt als Mehl. Der Körper muss die langen Ketten erst zerschneiden, bevor er sie verbrennen kann, deshalb sättigen sie besser und geben länger Energie. Es ist zur Zeit nicht klar, ob sie dick machen, aber wenn, dann nur in großen Mengen. Am besten ist es deshalb, wenn man sich mit langen Zuckerketten ernährt (d.h. Brot, Kartoffeln, Bohnen, Nudeln, Reis, Linsen und viele andere).

Der Körper verarbeitet Zucker in mehreren Stufen. Erst einmal werden die langen Ketten zerlegt, dann werden die einzelnen Zucker aufgenommen und in der Leber gespeichert. Der Vorrat in der Leber reicht etwa für einen Tag, dann müsste er neu aufgefüllt werden. Der Körper kann, wenn er viel Zucker aufgenommen hat, diesen zu Fett umbauen und dann bekanntermaßen an Bauch und Hüfte lagern. Dieses Fett kann er dann – wenn er nicht ständig neues dazu bekommt – verbrennen. Leider kann man nicht allgemein sagen, ab wie viel Zuckerzufuhr der Körper anfängt, daraus Fett zu machen. Als generelle Regel gilt aber, dass Zucker und Kohlenhydrate im Übermaß auch dick machen können und deshalb nicht völlig unbesonnen gegessen werden können. Etwa die Hälfte von allem, was wir an einem Tag essen, sollte aus Kohlenhydraten sein (damit sind aber die langen Zuckerketten gemeint, nicht die kurzen einzelnen Zucker). Die langen Zuckerketten machen nämlich lange satt und deshalb isst man über den Tag dann weniger.

(Ge)wichtige Nährstoffe: Fette

Wenn Kohlenhydrate das Brennholz des Körpers sind, dann sind Fette das Heizöl. Sie sind als Energieträger für „harte Zeiten" vorgesehen, da schon in wenig Fett viel Energie untergebracht ist und deshalb schon wenig Fett für viele Tage zum Überleben reicht. Für bestimmte Vorgänge im Körper sind einige Fette auch sonst unbedingt nötig, deshalb kann man auf Fette in der Nahrung nicht verzichten. Fette haben ein Gerüst mit drei Verbindungsstellen, an dem lange Ketten, die sogenannten Fettsäuren, befestigt sind. Diese können vom Körper abgebaut werden, wobei die Energie in ihnen frei wird. Fette sind wichtig für eine gesunde Ernährungsweise. Sie sind zum einen selber notwendig und zum anderen können sie wichtige Stoffe (z.B. die Vitamine E, D, K und A) auflösen und so dafür sorgen, dass diese überhaupt erst in den Körper aufgenommen werden können. Das Problem fängt damit an, dass Fette auch Geschmacksstoffe lösen und daher zum guten Geschmack beitragen und dass sie die Nahrung „weich" und leicht essbar machen. Bei vielen Menschen gibt es aber leider kein langes „Sattsein" vom Fett. Früher war das nie ein Problem, da es sowieso nicht soviel Fett in der Nahrung gab. Heute aber sind fett und fetthaltige Nahrungsmittel sehr billig und können überall verwendet werden. Deutlich kann man dies in den meisten Restaurants sehen, wo fast immer mit viel Fett gekocht wird: Nur wenige finden das unangenehm, weil es besser schmeckt als wenn man mit dem Fett sparsam ist; das gilt auch für die meisten „schnellen Snacks". Außerdem kann man Fette viel Stärker erhitzen als Wasser, deshalb kann man nur mit ihnen braten – und wer möchte seine Pommes schon gekocht? Da Fette aber sehr lange Energie spenden, braucht man auch sehr lange, um sie wieder zu verbrauchen.

Zusammen mit der Tatsache, dass man sich heute nicht mehr viel bewegen muss, führt dies dazu, dass viele Leute mehr Fett essen als sie verbrauchen. Wenn man zu viele Kohlenhydrate isst, kann der Körper zwar auch daraus Fett machen und es einlagern, aber das dauert und man kann nicht so viele Kohlenhydrate essen, wie man leicht an Fett essen kann. Gegessenes Fett kann sehr schnell eingelagert werden. Aus mehreren Gründen wird bei vielen Menschen dieses überflüssige Fett ein Leben lang angesammelt – und ständig kommt mehr dazu.

Proteine – ohne sie geht es nicht!

Proteine sind winzig kleine „Maschinen" im Körper. Es gibt viele tausend verschiedene von ihnen, aber alle bestehen aus den selben Grundstoffen und sehen unter starken Mikroskopen wie sehr komplizierte Wollknäuel aus. Jedes Protein im Körper hat eine spezielle Aufgabe: Manche können Gifte unschädlich machen, manche reparieren die Zellen, andere machen aus Zucker Fett und wieder andere bewegen die Muskeln. Der Körper ist in der Lage, alle Proteine die er braucht selber zu bilden und auch wieder abzubauen. Wenn der Körper wegen schwieriger Zeiten also mal länger nichts zu essen bekommt, kann er seine Proteine abbauen und verbrennen als wären sie Zucker. Wenn also Proteine aus dem Essen verdaut werden, dann werden sie erst im Darm in ihre Grundbausteine zerlegt. Aus diesen baut der Körper seine eigenen Proteine wieder zusammen. Proteinreiche Nahrung sorgt also für Nachschub. Für das Übergewicht haben Proteine nur wenig Bedeutung, da sie nicht zu Fetten umgebaut werden können. Es ist aber wichtig, genug Proteine zu essen, da der Körper sonst selber nicht genug Proteine bauen kann. Das könnte dann zu vielen verschiedenen Erkrankungen führen. Eine solche Unterversorgung mit Proteinen ist aber in Deutschland selten.

Kann man also so viele Proteine essen wie man will? Nein, leider nicht. Wenn man zu viele Proteine isst, muss der Körper den Überschuss irgendwie wieder loswerden und alle Möglichkeiten, die er dazu hat, sind letztendlich für ihn schädlich.

Normalerweise sollte das Essen am Tag zu etwa 15 bis 20 Prozent aus Proteinen bestehen. Eine Ernährung, die viel zu viele Proteine hat, wird nur in seltenen Fällen bei bestimmten Krankheiten empfohlen.

Ballaststoffe – Ganz und gar kein Ballast!

Ballast heißt so viel wie „unnötiges Gewicht". Auf den ersten Blick könnte man das von Ballaststoffen auch denken. Meistens bestehen sie aus Kohlenhydraten oder Proteinen, die so aufgebaut sind, dass wir sie nicht auflösen und deshalb nicht in den Körper aufnehmen können. Sie machen daher auch satt (aber nicht dick), weil man das Gefühl hat, „mehr im Bauch zu haben". Ein gutes Beispiel sind Vollkornlebensmittel, z.B. Vollkornnudeln, Vollkornreis oder Vollkornbrot. Bei diesen sind Anteile der Körnerschalen dabei, die man zwar essen, aber nicht aufnehmen kann. Deshalb machen sie schneller satt als die anderen, die keine unverdaulichen Anteile haben. Zudem befinden sich die meisten Vitamine und Spurenelemente oft in der Schale von Körnern, deshalb sind sie wertvoller als die geschälten. Wenn man z.B. Hühner nur mit geschältem Reis füttert, werden diese krank, sie erkranken an Lähmungen. Sobald man den geschälten Reis gegen Vollkornreis austauscht, gehen die Lähmungen zurück und wenn es rechtzeitig ist, verschwindet die ganze Krankheit wieder.

Die optimale Zufuhr an Ballastsoffen hängt vom Gewicht und Alter Ihres Kindes ab:

Alter	Mädchen	Jungen
4 – 7	14 g	15 g
7 – 10	17 g	19 g
10 – 13	20 g	23 g

Präbiotika können zur täglichen Zufuhr an Ballaststoffen beitragen. Dem Körper kann allerdings nur eine begrenzte Menge an Präbiotika zugeführt werden, ansonsten kann es zu Durchfall kommen. Präbiotika, wie Inulin (nicht mit Insulin verwechseln!), gelangen praktisch unverdaut in den Darm. Dort sind sie „Futter" vor allem für die erwünschten Milchsäure- und Bifidusbakterien, die dann das Inulin aufschließen können. Dadurch haben diese Mikroorganismen einen Wettbewerbsvorteil gegenüber Krankheitserregern und senken die Zahl der krankheitserregenden Keime. Die Darmflora kann also durch die Zufuhr von Präbiotika günstig beeinflusst werden. Im Gegensatz zu Präbiotika wie Inulin dienen andere Kohlenhydrate, wie Ballaststoffe, die ebenfalls unverdaut in den Dickdarm gelangen, auch anderen Mikroorganismen als Nahrung. Sie haben also nicht diesen speziellen, konzentrierten Nutzen für die erwünschten Darmbakterien. Inulin kommt in vielen Pflanzen als Reservekohlenhydrat vor. In der Lebensmittelindustrie wird Inulin als Fettersatzstoff oder Zuckeraustauschstoff verwendet. So können kalorienarme Lebensmittel angeboten werden, die in ihrem Geschmack und Mundgefühl den fett- und zuckerreichen Produkten entsprechen.

Kalorien und Co.

Auf vielen, aber leider nicht allen, Lebensmittelverpackungen finden sich beinahe unleserlich kleine Tabellen, auf denen viele Zahlen stehen. Die meisten wissen, dass zu viele Kalorien irgendwie schlecht sind und man daher möglichst wenig davon essen soll. Aber leider ist es nicht so einfach, genau zu sagen, was zu viele Kalorien am Tag sind. Diese Zusammenstellung soll helfen, ein wenig den Überblick zu bekommen.

Was sind Kalorien?: Das Wort "Kalorie" stammt vom Lateinischen „calor", das heißt „Wärme" oder auch „Hitze", ab und tatsächlich ist es so, dass Kalorien mit der Hitze zusammenhängen. Eine einfache Faustregel, ob ein Lebensmittel viele Kalorien hat, ist die Frage, ob es gut brennt! Am einfachsten ist dies an einem extremen Beispiel zu sehen: Was hat mehr Kalorien: ein Liter Olivenöl oder ein Liter Wasser? Wenn man das Olivenöl verbrennt, wird eine ganze Menge Hitze frei (bitte nicht ausprobieren!), beim Wasser – na ja, viel Glück. In der Lebensmittelkunde werden die Kalorien von Lebensmitteln in einem speziellen Gerät gemessen. Je mehr Wärme es abgibt, desto mehr Kalorien hat das Lebensmittel. Diese Methode klappt ganz gut, weil im Körper die Fette und Kohlenhydrate ähnlich wie bei einer Verbrennung verbraucht werden. In manchen Fällen, ganz besonders bei Nüssen, ist es aber möglich, dass bei der Verbrennung mehr Kalorien gemessen werden, als der Körper daraus gewinnen kann. Unbehandelte Nüsse haben deshalb zwar viele Kalorien, machen aber nicht so dick wie man denken könnte.

Viele Kalorien machen viel dick?

Neben dem Fett brennen auch die Eiweiße und Kohlenhydrate gut, deshalb kann es sein, dass ein Lebensmittel mit viel Protein- und Zuckergehalt gut brennt und viele Kalorien hat, aber fast kein Fett. Häufig kann man aber leider damit rechnen, dass dieses Lebensmittel besonders dick machen. Ebenso ist es aber auch oft so, dass ein Nahrungsmittel mit viel Zucker auch sehr fettig ist, wie zum Beispiel die Schokolade, die aus fast nichts anderem als Fett und Zucker besteht. Das ist dann die ungünstigste (aber auch leckerste) Kombination von allen.

Was macht dick?

Kalorien, Fette; Zucker?

Man muss bei der Beurteilung, ob ein Nahrungsmittel schneller dick macht als ein anderes, beides (Fette und Zucker) im Überblick behalten. Die Kalorien, die in einem Lebensmittel sind, kann man am besten beurteilen, wenn man sich klar macht, dass ein Kilo Fett am Bauch etwa 7000 Kilokalorien hat. Mit der Energie in diesem „Akku" kann ein erwachsener Mann (75 Kilogramm) fast 100 Kilometer weit joggen!

Wie rechnet man mit Kalorien?

Leider ist es nicht einfach, mit Kalorien zu rechen. Was man als erstes wissen muss, ist der tägliche Bedarf an Kalorien, die der Körper von allein, also ohne weitere Bewegung, hat. Die Kalorien, die der Körper so verbraucht, sind aber abhängig von Alter, Gewicht, Geschlecht und Größe. Deshalb kann man keine allgemeinen Zahlen nennen, sondern muss diese für jeden ausrechnen. Dazu gibt es eine Reihe von Formeln. Außerdem kommt dann noch die Kalorienzahl dazu, die durch die tägliche Bewegung verbraucht wird. Auch diese ist von Größe und Gewicht abhängig: Jemand, der 100 Kilogramm wiegt und 3 Kilometer läuft, verbraucht mehr als jemand, der nur 60 Kilogramm wiegt und dieselbe Strecke läuft.

Richtige Garmethoden

Mit falschen Garmethoden kriegen Sie selbst fettarme Lebensmittel wie Gemüse oder mageres Fleisch zu Fettbomben. Massenhaft Bratfett, das am Ende als „Geschmacksverbesserer" noch über die fertige Speise gegossen wird, ruiniert selbst eine Mahlzeit, die eigentlich kalorienarm sein sollte. Mit folgenden Tipps können Sie sinnvoll und effektiv Fett einsparen:

- Benutzen Sie zum Braten eine beschichtete Pfanne, dann können Sie das Bratfett auf 1 bis 2 Teelöffel reduzieren. Wird Hackfleisch angebraten ist kein zusätzliches Fett nötig.
- Dünsten ist die Diät-Garmethode schlechthin: Gemüse und Fisch werden so im eigenen Saft ohne Zugabe von Fett gegart.
- Wenn das Grillgut nicht gerade in Öl mariniert auf den Rost kommt, ist Grillen ein prima Fettsparer. Damit nichts anbrennt und so giftige Substanzen entstehen, legen Sie ihr Grillgut am besten auf Aluschalen.
- Gemüse sollte nicht zu sehr zerkocht werden und noch Biss haben, damit möglichst viele Vitamine erhalten bleiben. Für mehr Geschmack können sie das Gemüse statt in Wasser in Gemüsebrühe garen
- Panaden sind wahre Fettmonster da sie das Fett aufsaugen. Falls ihr Kind dennoch nicht darauf verzichten möchte, können Sie Paniertes im Ofen statt in der Pfanne zubereiten, eine beschichtete Pfanne verwenden und so mit weniger Fett auskommen oder die panierten Lebensmittel vor dem Servieren mit Küchenpapier abtupfen.

Nahrungsergänzungsmittel – Ja oder nein?

Slimfood

Essen ist eine absolut individuelle Sache, deshalb gibt es kein Patentrezept für die tägliche Ernährung. Der eine mag keine Paprika, der nächste keinen Fisch. Aber das tolle daran ist: Das ist völlig egal. Es gibt unzählige Gemüsesorten, so viele leckere Rezepte für Salate und Pastasaucen, so dass Sie voll auf den Geschmack Ihres Sprösslings eingehen können. Sollte Ihrem Kind also das ein oder andere Lebensmittel nicht schmecken, zwingen Sie es auf keinen Fall es trotzdem zu essen. Steigen Sie einfach auf eine Alternative um. Essen ist schließlich auch Genuss und soll Spaß machen!

Einfach austauschen und abnehmen!

Zu vielen ungünstigen Lebensmitteln gibt es gesündere Alternativen. In der folgenden Austauschtabelle finden Sie und Ihr Kind was es essen und was eher meiden sollte:

Günstig	Ungünstig
Brot und Gebäck	
Mischbrot, Schwarzbrot, Vollkornbrot, Roggenbrot, Vollkorntoastbrot, Vollkornbaguette	Weißbrot, Brötchen, Baguette, Toastbrot, Nussbrot, diverses Weizengebäck wie Kipferl oder Laugengebäck
Frühstücksflocken / Müsli	
Müsli ohne Zuckerzusatz, Cornflakes, Haferflocken	Knuspermüsli, Schokomüsli, Cocopops, Müsli mit Zucker
Beilagen	
Kartoffeln, Reis, Nudeln, Spätzle, Knödel, Nockerln, Vollkornnudeln, Vollreis	Pommes frites, Kroquetten, Kartoffelpuffer
Gemüse	
Alle Gemüsesorten roh oder gekocht,	Fertigprodukte, die mit viel Fett

Tiefkühlgemüse natur, Salate, Naturgemüse, Rohkost	zubereitet sind, Salate mit viel Öl
Obst	
Alle Obstsorten, circa 2 bis 3 Portionen am Tag (1 Portion entspricht einem Apfel, einer Birne oder Orange, bzw. eine Handvoll Erdbeeren, Himbeeren etc.), Kompott oder Mus ungesüßt oder mit wenig Zucker zubereitet	Bananen in großen Mengen, Weintrauben, Zwetschken, Aprikosen, darüber hinaus Trockenfrüchte (Feigen, Datteln, Rosinen), kandierte Früchte, gezuckerte Obstkonserven und Obstsäfte
Milch und Milchprodukte	
Mager- und Leichtmilch, Vollmilch, Buttermilch, Sauermilch, Joghurt 1 % oder 3,6 %, fettarmer und zuckerfreier Fruchtjoghurt, Magerquark, Landfrischkäse, selbst zubereitete Quarkaufstriche mit Gewürzen, Kräutern etc., Käsesorten bis maximal 35 % F.i.Tr.	Vollmilch in großen Mengen, fertige Trinkschokoladen u.Ä., Joghurt mit mehr als 3,6 % Fett, Sauerrahm, Creme fraiche, Schlagsahne, Kaffeemilch, Fruchtjoghurt mit mehr als 3,6 % Fett, fertige Milch- und Joghurtdesserts für Kinder, Milchreis, Milchschnitten, Quark mit mehr als 10 % F.i.Tr., Gervais, fertige Quarkaufstriche, Käsesorten mit mehr als 35 % F.i.Tr. wie beispielsweise Butterkäse, Emmentaler, Rahmbrie, Philadelphia, Schmelzkäse, Nusskäse usw.
Fleisch und Fleischwaren	
Mageres Fleisch von Schwein, Rind, Kalb oder Lamm, magere Wurstsorten wie beispielsweise Schinken, Geflügelwurst, Lyoner vom Kalb, Schinkenspeck ohne Fettrand, Luftgetrocknetes, selbst zubereitete Wurst- und Fleischsalate mit	Alle fetten und durchzogenen Fleischsorten, Innereien, fette Wurstsorten wie Salami, Mettwurst, Speck, Leberstreichwurst, Frankfurter, Leberkäse, Bratwürste, Wurst- und Fleischsalate, Ente, Gans, Geflügelhaut,

mageren Sorten, mageres Geflügel wie beispielweise Huhn, Truthahn ohne Haut, Wild und Wildgeflügel wie Reh, Hirsch, Hase, Fasan	
Fisch	
Magere Fischsorten, wie Forelle, Schleie, Dorsch, Kabeljau, Scholle, Thunfisch im eigenen Saft	Alle fetten Fische wie Aal, Makrele, Hering, Karpfen, Thunfisch in Öl oder Sauce eingelegt, gebackener Fisch, Fischstäbchen u.Ä.
Eier	
Nur maximal 1 bis 2 Eier pro Woche (verkochte Eier in Aufläufen, Kuchen etc. mit eingerechnet),	Eierspeisen, Eier mit Speck, Spiegelei, Mayonnaise
Suppen	
Gemüsesuppen, klare, fettarme Suppen	Cremesuppen, Rahmsuppen, Fertigsuppen
Getränke	
Ungesüßte Frucht- oder Kräutertees, Mineralwasser, Soda mit Zitronensaft, mit Wasser verdünnter Fruchtsaft, mit Wasser verdünnte, kalorienreduzierte Limonade	Limonaden wie Cola, Fanta, Sprite, Almdudler, fertige Eistees, Energy-Drinks, unverdünnte Fruchtsäfte, Sirup, gezuckerter Tee, alkoholische Getränke, Light-Limonaden in großen Mengen
Süßigkeiten und Kuchen	
Maximal eine Nascherei wie einen Schokoriegel oder ein kleines Stück Kuchen, Pudding mit Magermilch und wenig Zucker selbst zubereitet, Obstkuchen mit Biskuit und Gelee, Obstsorten, zuckerfreie Bonbons,	Große Mengen an Zucker, Marmelade, Honig, Nuss-Nougat-Creme, Schokolade, Marzipan, Bonbons, Kekse, Schnitten, Kuchen, Cremetorten, Cremeschnitten, Schokolade- und Nussmehlspeisen, Kuchen und Torten mit Schlagsahne,

zuckerfreier Kaugummi, Lakritz, Wassereis, Fruchteissorten, Marmelade, Honig, Salzstangen oder –brezel, Popkorn in kleinen Mengen	Cremeeis, Knabbergebäck wie Chips oder Erdnusslocken
Fette und Öle	
Olivenöl, Rapsöl, Sojaöl, Kürbiskernöl, Sonnenblumen-, Maiskeim- oder Distelöl, Butter, Sonnblumenmargarine, Diätmargarine, Halbfettmargarine	Schmalz, Speck, Butterschmalz, Bratenfett, Kokosfett, Frittierfett, Brathilfe, Erdnussbutter
Gewürze	
Alle Gewürze und Küchenkräuter frisch, getrocknet oder tiefgekühlt	Fertigprodukte wie Gewürzsoßen, Salatdressings, Dillsaucen

Zusätzlich sei erwähnt, das sogenannte Kinderprodukte keinesfalls eine extra Portion Vitamine oder Spurenelemente enthalten. Fast alle solche Joghurts, Quarkspeisen, Schnitten, Bonbons usw. weisen einen viel zu hohen Fett- und/oder Zuckeranteil auf. Eine gesunde Zwischenmahlzeit sind sie daher nicht und sollten wie andere Süßwaren nur in Maßen genossen werden. Produktbezeichnungen wie „light“ oder „Diät“ bedeuten nicht, dass der Inhalt wirklich gesund ist. Manche Diätschokolade enthält beispielsweise statt normalem Zucker Fruchtzucker, der Fettgehalt ist aber mindestens so hoch wie bei der „normalen“ Schokolade.

Literatur

[1] Kuhn, Dörte: Abnehmen für Kinder. Gräfe und Unzer Verlag GmbH, München, 2003

[2] Widhalm, Kurt; Berthold, Monika: Hilfe, mein Kind ist zu dick! Verlagshaus der Ärzte GmbH, Wie, 2002

[3] Wilde-Salim, Birgit: Power-Diät für Teens. Globus Verlag Runge, 2001

[4] Deutsche Gesellschaft für Ernährung: Referenzwerte für die Nährstoffzufuhr, Umschau/Braus, 1. Auflage, Frankfurt am Main, 2000

[5] www.adipoes.de

[6] www.kurkliniken.de

[7] www.vis-ernaehrung.bayern.de

[8] www.familienhandbuch.de

[9] www.redworks.info

Buchtipps

Müller, S.-D.: Kalorien-Ampel. Knaur Verlag 2003, ISBN 3426667428; 8,90 €

Müller, S.-D.: Cholesterin- und Fett-Ampel. Knaur Verlag 2004, ISBN 3426669137; 8,90 €

Müller, S.-D.: Die Müller-Diät. Schlütersche Verlag 2004, ISBN 3899935047; 12,90 €

Hilfreiche Adressen

Deutsche Adipositas-Hilfe e.V.

Postfach 1253

D-33749 Schloß Holte

www.deutsche-adipositas-hilfe.de

Deutsche Gesellschaft für Ernährung e.V.

Godesberger Allee 18

D-53175 Bonn

www.dge.de

Schweizerische Vereinigung für Ernährung

Effingerstraße 2

Postfach 8333

CH-3001 Bern

www.ernaehrung.org

Schweizerischer Fachverein Adipositas im Kindes- und Jugendalter

Migros Kultirprozent

MGB, Sekretariat AiKJ,

Postfach

CH-8031 Zürich

aikj@mgb.ch

www.minweb.de

Österreichische Gesellschaft für Ernährung

Zaunergasse 1 – 3

A-1030 Wien

info@oege.at

www.oege.de

Forschungsinstitut für Kinderernährung

DONALD-Studie

Heinstück 11

D-44225 Dortmund

www.fke-do.de

Bundeszentrale für gesundheitliche Aufklärung

Postfach 910152

D-51071 Köln

www.bzga-essstörungen.de

Autor: Sven-David Müller, Master of Sciene in Applied Nutritional Medicine, Diätassistent, Diabetesberater DDG, Haddamshäuser Weg 4a, 35096 Weimar an der Lahn, www.svendavidmueller.de